PROTOCOLO DE CUIDADOS EN ÚLCERAS POR PRESIÓN

ÍNDICE
PARTE II

15.- VALORACIÓN DE LA LESIÓN

16.- TRATAMIENTO DE LAS ÚLCERAS POR PRESIÓN

17.- EDUCACIÓN
       17.1.- Posición decúbito supino
       17.2.- Posición decúbito prono
       17.3.- Posición decúbito lateral
       17.4.- Posición sentada

18.- EVALUACIÓN
       18.1.- Evaluación del proceso
       18.2.- Evaluación de los resultados

19.- ANEXO

20.- BIBLIOGRAFÍA DE REFERENCIA

¿dónde se producen?

Pueden aparecer en cualquier lugar del cuerpo sometido a presión, fricción o deslizamiento.

Dependiendo de la posición de la persona, éstos son los lugares más frecuentes:

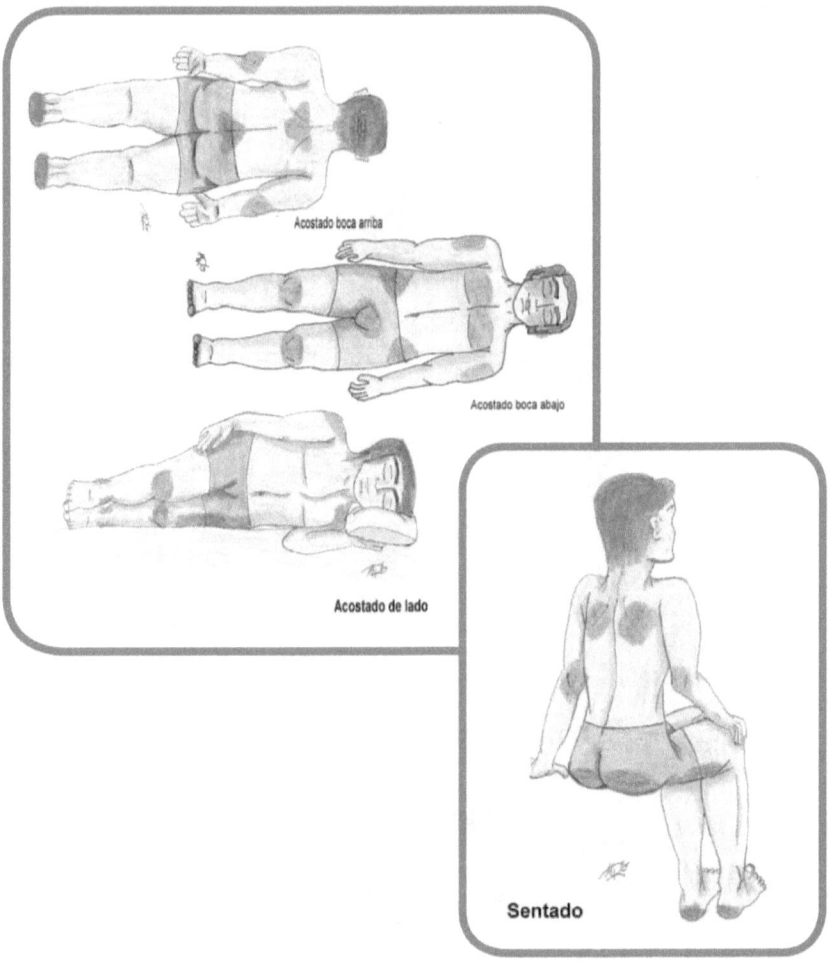

Acostado boca arriba

Acostado boca abajo

Acostado de lado

Sentado

15.- VALORACIÓN DE LA LESIÓN

Realizar la valoración según los siguientes parámetros:

- Localización de la lesión (Ver documento de valoración de UPP).

- Clasificación-estadiaje (Ver documento de valoración de UPP).

- Tipos de tejido/s en el lecho de la lesión:

    Tejido necrótico
    Tejido esfacelado
    Tejido de granulación

- Exudado de la úlcera

    Escaso
    Abundante
    Muy abundante
    Purulenta

- Dolor

- Signos clínicos de infección local

    Exudado purulento
    Mal olor
    Bordes inflamados
    Fiebre

- Antiguedad (Ver documento de valoración de UPP).

La valoración se realizará al ingreso del paciente en la Unidad, al menos una vez por semana y siempre que existan cambios que así lo sugieran.

Se registrará el resultado de la valoración así como el día de la próxima en la Hoja de Registro de UPP, o en su ausencia en la Hoja de Evolución de enfermería y se aplicará el tratamiento en función del resultado obtenido.

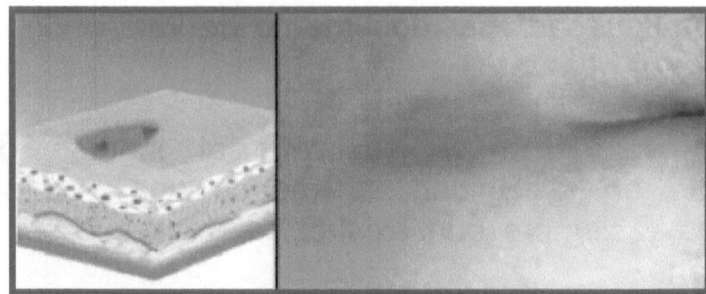
Estadio I

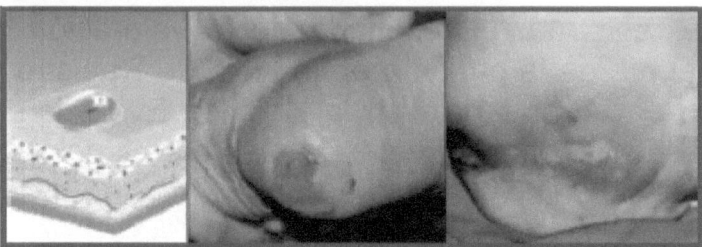
Estadio II

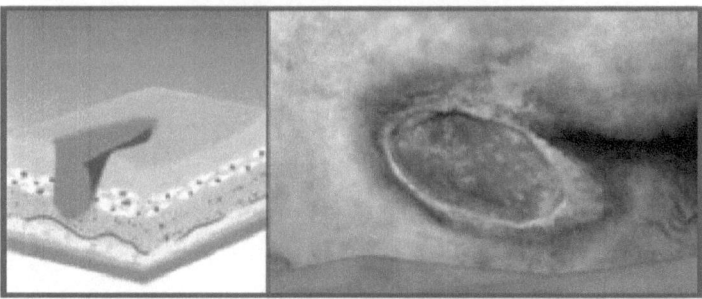
Estadio III

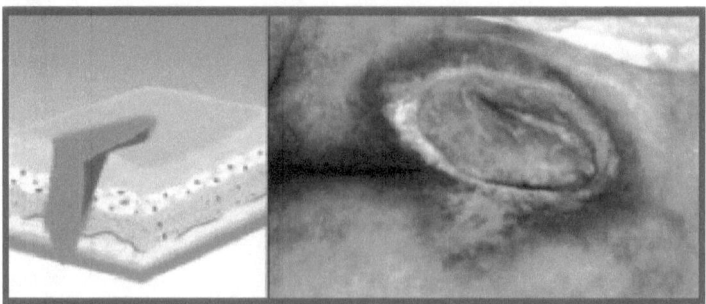

16.- TRATAMIENTO DE LAS ÚLCERAS POR PRESIÓN

Utilizar técnicas de posición (encamado o sentado) y elegir una adecuada superficie de apoyo, para disminuir el grado de rozamiento, presión y cizallamiento.

Mantener la zona seca (medidas de prevención).

Crear un campo estéril para la limpieza de la herida.

Usar guantes estériles.

Limpiar las lesiones inicialmente y con suero salino fisiológico, usando la mínima fuerza mecánica para la limpieza así como para su secado posterior - la proporcionada por la gravedad -. No aplicar suero fisiológico a presión con jeringa.

No limpiar la herida con antisépticos locales - povidona yodada, clorhexidina, agua oxigenada, ácido acético), tóxicos para los fibroblastos humanos.

Proteger la zona periulceral con un preparado a base de zinc.

El apósito elegido para ocluir la úlcera deberá siempre sobrepasar en 2,5 – 4 cm los bordes de la misma.

El plan de tratamiento de la úlcera por presión **dependerá de la valoración de la lesión:**

A) Si son lesiones de grado I:

Aplicar apósito hidrocoloide/hidrorregulador de baja absorción (transparente/extrafino) en placa. Si la zona lesionada es el talón utilizar siempre protección y dispositivo (almohadas) que evite la presión.

B) Si son lesiones de grado II:

Aplicar apósitos hidrocoloides en placa favorecedores de la limpieza rápida de la herida, que atrapan la secreción cargada de gérmenes.

En la parte profunda de la úlcera aplicar gel, pasta o gránulos, además de la placa superficial, y cuando haya disminuido la profundidad y la exudación, solamente la placa.

C) En lesiones de grado III y IV:

Si la úlcera está **limpia** o tuviera esfacelos pero tras la limpieza quedara libre de ellos, aplicar apósito hidrocoloide/hidrorregulador en placa.

Si se observa en el lecho de la lesión **tejido necrótico o esfacelos** utilizar métodos de desbridamiento, estos métodos no son incompatibles entre sí, por lo que *es aconsejable combinarlos para obtener mejores resultados*:

1. Debridamiento quirúgico: Recortar por planos y en diferentes sesiones, siempre empezando por el área central - salvo en el desbridamiento radical en quirófano -. Es aconsejable la aplicación de un antiálgico tópico (gel de lidocaína 2%, etc.). Si sangrara aplicar compresión directa o apósitos hemostáticos. Requiere conocimientos, destreza y una técnica y material estéril.

2. Desbridamiento enzimático: Aplicar productos enzimáticos del tipo de la colagenasa; Aumentando el nivel de humedad con suero fisiológico. No utilizar como método único si ya existe placa necrótica seca. No asociar a hidrocoloides/hidrorreguladores.

3. Desbridamiento autolítico: Aplicar cualquier apósito capaz de producir condiciones de cura húmeda.

Para evitar que se formen abscesos o "se cierre en falso" la lesión, será necesario rellenar parcialmente - entre la mitad y las tres cuartas partes- las cavidades y tunelizaciones con productos basados en el principio de la cura húmeda, además de la placa superficial.

Estos productos reblandecen y separan la necrosis y placas secas absorbiéndolos en la estructura gelatinosa, además de retener la secreción cargada de gérmenes (fase de limpieza). Así mismo, crean un equilibrio dinámico que se caracteriza por un ambiente húmedo estable en la herida y que aporta las
condiciones ideales para la granulación y la epitelización.

Los apósitos basados en cura húmeda son:

- Hidrocoloides/hidrorreguladores, en placa, en gránulos o en pasta (sólo ejercen su acción cuando se convierten en gel al absorber las secreciones de la herida).
- Hidrogeles en estructura amorfa o en placa (por su acción hidratante, facilitan la eliminación de tejidos no viables en el caso de las heridas con tejido esfacelado. Se tratan de geles acabados) y de rápida acción desbridante.

- Alginatos (El alginato de calcio, igualmente, en contacto con las sales sódicas presentes, por ejemplo en la sangre y la secreción de las heridas, se transforma en un gel hidrófilo con un poder absorbente también muy elevado).
- Hidrofibra de hidrocoloide.
- Poliuretanos.

La frecuencia de cambio de cada apósito vendrá determinado por el nivel de exudado.

Si estamos utilizando el apósito correcto, según el nivel de exudado, realizar los cambios según las características del apósito.

Si existen fugas con el apósito seleccionado, es signo de que éste debía haber sido cambiado por un apósito de mayor poder absorbente.

Un apósito hidrocoloide se cambiará cuando el abombamiento producido al absorber las secreciones de la herida se aproxima a 1,5 o 1 cm del borde del apósito.

Ante la presencia de **signos de infección** local deberá de intensificarse la limpieza y el desbridamiento; Utilizaremos apósitos de alginato cálcico o de hidrofibra . Si la úlcera no evoluciona favorablemente al cabo de una semana, o continúa con signos de infección local, habiendo descartado la presencia de osteomielitis, celulitis o septicemia, deberá implantarse un régimen de tratamiento con una pomada antibiótica local con efectividad contra los microorganismos que más frecuentemente infectan la úlcera por presión y durante un período máximo de dos semanas - sulfadiazina argéntica -. Si al cabo de las dos semanas continuara con infección realizar cultivo.

En pacientes con varias úlceras comenzar siempre por la menos contaminada.

No utilizar antisépticos locales.

Evitar las curas oclusivas si hay exposición de hueso o tendones.

No realizar nunca curas oclusivas si hay signos de infección.

Los antibióticos sistémicos deben administrarse bajo prescripción médica a pacientes con bacteriemia, sepsis, celulitis avanzada u osteomielitis.

D) INTERVENCIONES DE ENFERMERIA (NIC)

1. PREVENCIÓN DE LAS ÚLCERAS POR PRESIÓN: REFERENCIA NIC 3540.

Definición: prevención de la formación de úlceras por presión en un paciente con alto riesgo de desarrollarlas.

Actividades:

- Utilizar la escala de Braden para valorar el riesgo.
- Valorar el estado de la piel al ingreso y coincidiendo con el aseo diario, haciendo especial hincapié en las prominencias óseas
- Vigilar estrechamente cualquier zona enrojecida.

- Eliminar la humedad excesiva en la piel causada por la transpiración, el drenaje de heridas y la incontinencia fecal o urinaria.
- Aplicar barreras de protección para eliminar el exceso de humedad si procede.
- Cambios posturales cada 2 ó 3 horas durante el día y cada 4 horas durante la noche.
- Registro del programa de cambios posturales en la historia del paciente.
- Fomentar los ejercicios pasivos si procede.
- Evitar dar masajes en los puntos de presión enrojecidos.
- Colocar al paciente en posición ayudándose con almohadas para elevar los puntos de presión encima del colchón.
- Mantener la ropa de la cama limpia, seca y sin arrugas.
- Hacer la cama con pliegues para los dedos de los pies.
- Utilizar camas y colchones especiales si procede.
- Evitar mecanismos de tipo flotadores para la zona sacra.
- Hidratar la piel seca intacta.
- Usar agua templada y jabón suave para el baño, aclarar y secar especialmente, sin frotar las zonas de riesgo.
- Vigilar las fuentes de presión y fricción.
- Aplicar protectores para zonas de riesgo.
- Asegurar una nutrición adecuada, especialmente proteínas, vitaminas B y C,

hierro y calorías por medio de suplementos si es preciso.
• Instruir al cuidador acerca de los signos de pérdida de la integridad de la piel.

2. VIGILANCIA DE LA PIEL. REFERENCIA NIC 3590.

Definición: Recogida y análisis de datos del paciente con el propósito de mantener la integridad de la piel y de las membranas mucosas.

Actividades:

• Observar su color, calor, pulsos, textura y si hay inflamación, edema y ulceraciones en las extremidades.

3. CUIDADOS DE LA PIEL: TRATAMIENTO TÓPICO. REFERENCIA NIC 3584.

Definición: Aplicación de sustancias tópicas o manipulación de dispositivos para promover la integridad de la piel y minimizar la pérdida de la solución de continuidad.

Actividades:

• Evitar el uso de ropa de cama de textura áspera.
• Vestir al paciente con ropas no restrictivas.

- Aplicar lubricante para hidratar fosas nasales si presencia de catéter.
- Aplicar los pañales sin comprimir.
- Colocar sobreempapadores si es el caso.
- Hidratar la piel seca intacta.
- Mantener humedad en las incubadoras entre el 60 – 70%.

4. APOYO AL CUIDADOR PRINCIPAL. REFERENCIA NIC 7040.

Definición: suministro de la necesaria información, recomendación y apoyo para facilitar los cuidados primarios al paciente por parte de una persona distinta del profesional de cuidados sanitarios.

Actividades:

- Determinar el nivel de conocimientos del cuidador.
- Determinar la aceptación del cuidador de su papel.
- Proporcionar conocimientos básicos:
    - Enseñar a mantener la piel limpia, seca e hidratada.
    - Enseñar cómo y cuando cambiar los pañales húmedos.
    - Explicar la necesidad de una nutrición adecuada: proteínas, vitaminas B y C, hierro, calorías y agua.
    - Explicar como se mantiene la posición anatómica correcta.

o Instruir como hacer los cambios posturales y la necesidad de pautarlos. El cambio postural favorece la circulación, proporciona bienestar al evitar la presión prolongada y previene contracturas.

17.- EDUCACIÓN

Enseñar a mantener la piel seca y limpia (dar instrucciones específicas de acuerdo con la causa).

Enseñar cómo cambiar inmediatamente los pañales húmedos.

Explicar la necesidad de aumentar la ingesta de proteínas durante la cicatrización de los tejidos.

Explicar cómo se mantiene la posición anatómica correcta:

Proporcionar detalles claros, de forma que consiga la posición adecuada.

Enseñar cómo hacer los cambios de posición:

El cambio de posición corporal previene la congestión de las secreciones respiratorias, facilita la expectoración, favorece la circulación, *proporciona bienestar al evitar la presión prolongada sobre determinadas áreas corporales*, reduce la fatiga y previene las contracturas.

La persona encamada debe moverse de una posición a otra:

1.- Posición de decúbito supino: Mantener la cabeza, con la cara hacia arriba, en una posición neutra y recta de forma que se encuentre en alineación perfecta con el resto del cuerpo; apoyar las rodillas en posición ligeramente flexionada para evitar la hiperextensión (extremidades en abducción de 30 grados), codos estirados y manos abiertas. Se protegerá en decúbito supino:

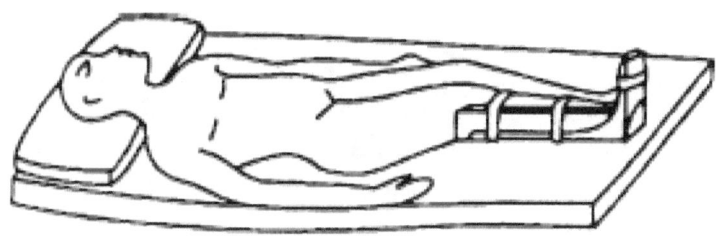

- Occipital
- Omóplatos
- Codos
- Sacro y coxis
- Talones

2.- Posición de decúbito prono: Colocar(se) sobre el abdomen con la cara vuelta a un lado sobre un cojín, los brazos flexionados rodeando el cojín, las palmas giradas hacia abajo y los pies extendidos. Apoyar los tobillos y las espinillas para prevenir la flexión plantar de los pies. Se protegerá en decúbito prono:

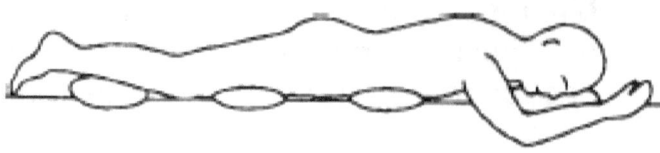

- Frente
- Ojos
- Orejas
- Pómulos
- Pectorales
- Genitales masculinos
- Rodillas
- Dedos

3.- Posición de decúbito lateral: Mantener la alineación, con la pierna del lado sobre el que descansa el cuerpo estirada y la contraria flexionada; las extremidades superiores flexionadas. Apoyar con almohadas el muslo y el brazo para prevenir la rotación interna de la cadera y del hombro. En decúbito lateral derecho o izquierdo se prestará especial atención a:

- Orejas
- Escápulas
- Costillas
- Crestas ilíacas
- Trocánteres
- Gemelos
- Tibias
- Maleolos

4.- Posición sentada: Sentar(se) con la espalda apoyada cómodamente contra una superficie firme. Colocar una almohada debajo de cada brazo, así como un rodillo en la región cervical. Posición sentada, vigilar y proteger:

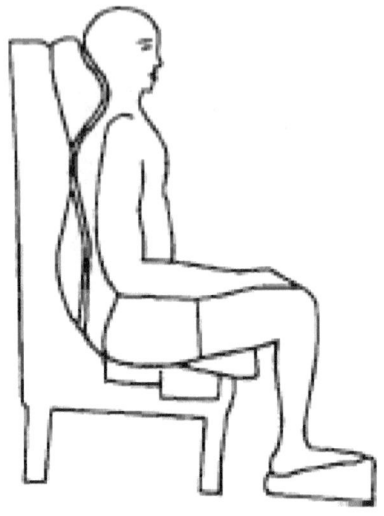

- Omóplatos
- Sacro
- Tuberosidades isquiáticas

18.- EVALUACIÓN

Se considera la evaluación tanto del Proceso como de los resultados.

18.1.- Evolución del proceso

Los requisitos establecidos para la evaluación de los cuidados ofrecidos serán:

• Se ha aplicado la escala Nova 5 al ingreso.

• Se ha aplicado la escala Nova 5 al menos a los 7 días de la última valoración del riesgo.

• Se ha aplicado la escala Nova 5 ante la ocurrencia de "cambio relevante".

• Se ha registrado la valoración del entorno.

• Están registrados los cambios posturales:

　-Nivel 1: No están registrados cambios posturales.
　- Nivel 2 Hay cambios registrados en intervalos máximos diurnos de 6 horas y/o nocturnos de 10.
　-Nivel 3 Hay cambios registrados en intervalos máximos diurnos de 4 horas y/o nocturnos de 6.
　-Nivel 4 Hay cambios registrados en intervalos máximos diurnos de 2 horas y/o nocturnos de 4.

• Está anotada la ingesta de alimentos en las 24 horas.

• Se ha registrado el resultado de la valoración de la lesión al ingreso

• Se ha registrado el resultado de la valoración de la lesión al menos a los 7 días de la última valoración.

Todos los aspectos descritos anteriormente serán evaluados mediante revisión de las incidencias recogidas en la Hoja de registro para UPP.

Se realizará así mismo la evaluación de determinadas normas de actuación mediante observación directa. Se propone a las unidades el sistema de autoevaluación, considerándose los siguientes requisitos:

• Se ha utilizado aceite de almendras tras el baño.

• Utiliza guantes estériles para la limpieza y cura

• Monta campo estéril para la limpieza y cura de la herida.

• No se ha utilizado para la limpieza antiséptico local.

• No se realiza cura oclusiva, en caso de infección.

• Se ha tomado frotis en caso de observar signos de infección.

• No se mantendrá antibiótico local en cuidados domiciliarios más de dos semanas.

18.2.- Evaluación de los resultados

Se plantea el estudio de la prevalencia puntual y de incidencia de período como indicadores de resultado.

A) Prevalencia puntual.

N.º de pacientes con UPP: Población estudiada en la fecha en la que se hace el estudio.

Existe un cierto consenso en cuanto a la no idoneidad de incluir a toda la población en los denominadores, o sea, no calcular tasas crudas, pues no tiene sentido incluir pacientes con muy bajo o nulo riesgo de desarrollar UPP.

A continuación presentamos las exclusiones en el cálculo de denominadores utilizadas para determinar la prevalencia global:

TIPO DE PACIENTE	PROPUESTA
Pacientes ingresadas en obstetricia	Excluirlas de los denominadores
Pacientes pediátricos	Excluirlos de los denominadores excepto: Niños ingresados en UCI pediátrica y/o UCI de Neonatos.
Pacientes ingresados en unidades de corta estancia	Aunque no hay referencias en la bibliografía, en un principio los pacientes ingresados en unidades de corta estancia (2-3 días de ingreso) son pacientes con un riesgo bajo-nulo de

TIPO DE PACIENTE	PROPUESTA
	desarrollar UPP. A excepción de los pacientes ingresados en unidades de corta estancia geriátrica.
Otros	Aunque normalmente no se tienen en cuenta como pacientes ingresados: pacientes en el hospital de día, en sesión de diálisis ambulatoria,...

Se recográn datos cada 6 meses, tomando como indicadores de resultado:

• N.º enfermos con UPP / N.º pacientes estudiados.
• N.º de UPP / N.º de enfermos ulcerados.

B) Incidencia de periodo.

Número de pacientes (libres de UPP al inicio del período de tiempo que se estudia) en los que aparecen UPP durante el período de tiempo de estudio x 100.

Número de pacientes en riesgo durante el período de estudio.

Se incluyen estudios de incidencia en algunos de los servicios de hospitalización; introduciendo la autoevaluación. Presenta información de mayor calidad acerca de la etiopatogenia de las UPP, sus factores de riesgo y su dinamismo.

Se recogerán datos tomando así mismo como indicadores de resultado:

- N.º enfermos con UPP / N.º pacientes estudiados:
    - N.º de pacientes identificados de riesgo bajo con úlceras/ N.º pacientes estudiados.
    - N.º de pacientes identificados de riesgo medio con úlceras/ N.º pacientes estudiados.
    - N.º de pacientes identificados de riesgo alto con úlceras/ N.º pacientes estudiados.

- N.º de UPP / N.º de enfermos ulcerados:
    - N.º de úlceras en pacientes identificados de riesgo bajo / N.º pacientes ulcerados.

- N.º de úlceras en pacientes identificados de riesgo medio / N.º pacientes ulcerados.
- Nº de úlceras en pacientes identificados de riesgo alto / Nº pacientes ulcerados.

• Número de úlceras por presión.

• Número de úlceras por fricción.

• Número de úlceras por cizallamiento.

• Número de úlceras por presión intra-hospitalarias.

• Número de úlceras por presión extra-hospitalarias.

• Número de úlceras por presión intra-servicio.

• Número de úlceras por presión extra-servicio.

Los datos son recogidos en la Hoja de registro de incidencias de UPP.

19. ANEXO

PROTOCOLO DE CUIDADOS EN ÚLCERAS POR PRESIÓN

ANEXO

NOMBRE COMERCIAL	COMPOSICIÓN	INDICACIONES
Iruxol mono	Clostridiopeptidasa A (colagenasa)	Úlceras que presentan necrosis o detritus (limpieza enzimática).
Dertrase	Tripsina Quimo tripsina	Úlceras que presentan necrosis o detritus (limpieza enzimática).
Blastoestimulina (polvo)	Extracto de centella asiática	Estimula el tejido de granulación
Blastoestimulina (pomada)	Extracto de centella asiática Neomicina	Estimula el tejido de granulación Heridas infectadas o con riesgo de infección.
Crystacide crema 1%	Peróxido de hidrógeno	Infecciones (agente antibacteriano).
Silvederma	Sulfadiazina argéntica	Infecciones (agente antibacteriano).
Bactroban	Mupirocina	Infecciones (antibiotico de amplio espectro).
Pasta lasar	Oxido de zinc, almidón de maíz, lanolina, vaselina	Protección de piel periulceral
APÓSITOS DE CARBÓN ACTIVADO:		Úlceras infectadas. Con capacidad para absorber el mal olor
APÓSITOS BASADOS EN LA CURA HÚMEDA:		
	Hidrogel	Por su acción hidratante, facilitan la eliminación de tejidos no viables en el caso de las heridas con tejido esfacelado. Se tratan de geles acabados. Favorece el desbridamiento autolítico pero tiene poca capacidad de absorción.

NOMBRE COMERCIAL	COMPOSICIÓN	INDICACIONES
	Hidrocoloides transparentes/extrafinos	Prevención de la aparición y tratamiento de estadio I.
	Hidrocoloides	Ejercen su acción cuando se convierten en gel al absorber las secreciones de la herida
	Alginato de Calcio	El alginato de calcio, igualmente, en contacto con las sales sódicas presentes, por ejemplo en la sangre y la secreción de las heridas, se transforma en un gel hidrófilo con un poder absorbente también muy elevado. Tiene además propiedades hemostáticas.
	Hidrofibra	Úlceras altamente exudativas y úlceras infectadas. Tiene además propiedades hemostáticas.

PAUTA DE ELECCIÓN Y CAMBIO DE APÓSITOS

PRODUCTO	TAMAÑO/MOMENTO DE CAMBIO	INDICACIONES	POSIBLES COMBINACIONES DE PRODUCTOS
Hidrocoloide/Hidrorregulador protector	Elegir en todos los casos el **tamaño** específico según la región anatómica a tratar. El **momento de cambio** viene dado por: la saturación del apósito apareciendo un aumento del volumen del mismo y un cambio de color, en la parte externa; si existe úlcera inicial o por la disminución a la mitad del espesor del foam que lo rodea.	Desde el inicio de la epitelización hasta el inicio de la maduración.	
Hidrocoloide/Hidrorregulador transparente	Elegir en todos los casos un **tamaño** de apósito que supere el borde de la lesión al menos en 2,5 cm. El **momento de cambio** viene dado por: la saturación del apósito apareciendo un aumento del volumen del mismo y un cambio de color blanquecino con disminución del borde de elegido de 2,5 cm. a 1,5 cm.	En úlceras desde el momento en el que el tejido de granulación llega al borde hasta completar la cicatrización.	
Hidrocoloide/Hidrorreguladores + Alginato (dependiendo de la localización anatómica)	Elegir en todos los casos un **tamaño** de apósito que supere el borde de la lesión al menos en 2,5 cm. El **momento de cambio** viene dado por: la saturación del apósito apareciendo un aumento del volumen del mismo y un cambio de color blanquecino con disminución del borde de elegido de 2,5 cm. a 1,5 cm.	Úlceras en fase de desbridamiento hasta que el tejido de granulación llega al borde.	Pudiendo conjugarse para el desbridamiento con un desbridante autolítico con el hidrogel amorfo + alginato. En úlceras cavitadas para poner en contacto el lecho de la lesión con el apósito: Hidrocoloide en pasta. Para asegurar mayor permanencia del apósito: hidrocoloide en gránulos.

PRODUCTO	TAMAÑO/MOMENTO DE CAMBIO	INDICACIONES	COMBINACIONES DE PRODUCTOS
Hidrogel amorfo Agua Alginato Ca C.M.C.Na	El Hidrogel amorfo con alginato permite adaptarse a la forma y **tamaño** del tejido específico a tratar. Si se utiliza combinado con un hidrorregulador + alginato las consideraciones de **cambio** serán las mismas que para los hidrorreguladores + alginato.	Heridas en fase de desbridamiento. Heridas crónicas en fase de desbridamiento.	Si la úlcera en fase de desbridamiento está infectada se puede combinar con un apósito de alginato no utilizando para su fijación apósitos oclusivos ni semioclusivos. Si la úlcera en fase de desbridamiento no está infectada se puede combinar con apósitos hidrorreguladores + alginato.
Apósito de alginato	Elegir en todos los casos un **tamaño** de apósito que supere el borde de la lesión al menos en 2,5 cm. El momento de cambio vendrá dado por la aparición de la parte externa del apósito de la huella impresa del exudado.	Heridas infectadas y/o altamente exudativas	No utilizar como método de fijación apósitos oclusivos o semioclusivos si la úlcera está infectada. Si la úlcera no está infectada puede utilizarse como método de fijación apósitos semioclusivo y/o método tradicional a criterio profesional.

Si tras varios cambios consecutivos se ha conseguido controlar la infección y/o exudación presente en la úlcera pasaríamos a utilizar apósitos hidrorreguladores + alginato.

PROTOCOLO DE CUIDADOS EN ÚLCERAS POR PRESIÓN

INCIDENCIAS DE ULCERAS POR PRESION

NOMBRE			
APELLIDOS			Nº H.C.
EDAD	SEXO	Nº CAMA	UNIDAD
FECHA DE INGRESO		PROCEDENCIA	

GRUPO PATOLOGICO

- [ ] CORONARIO
- [ ] CARDIOLOGIA
- [ ] NEUROLOGIA
- [ ] CIR. TORAX
- [ ] RESPIRATORIO
- [ ] ENDOCRINO
- [ ] DIGESTIVO
- [ ] NEUROCIRUGIA
- [ ] NEFROLOGIA
- [ ] INFANTIL
- [ ] MATERNAL
- [ ] ORL
- [ ] HEMATOLOGIA
- [ ] INTOXICACION
- [ ] POLITRAUMA
- [ ] UROLOGIA
- [ ] ORTOPROTES.
- [ ] CIR. GENERAL
- [ ] CCV
- [ ] Otros:

PUNTUACION NOVA 5:

Presencia de úlcera   SI [ ]   NO [ ]

Fecha						
Localización						
Estadio						

ESTADIOS DE LA ULCERA POR PRESION

ESTADIO I
Enrojecimiento, ligero edema y sin pérdida de sustancia

ESTADIO II
Erosión epidérmica, y/o ampollas, y/o abrasión

ESTADIO III
Afectación de la totalidad de la dermis y tejido subcutáneo con posible presencia de tejido necrótico

ESTADIO IV
Destrucción del tejido subcutáneo, músculo, tendón e incluso hueso

TABLA DE VALORACION DE RIESGO DE ULCERAS

	NIVEL DE CONCIENCIA	INCONTINENCIA	MOVILIDAD	NUTRICION	ACTIVIDAD
0	DESPIERTO Y ORIENTADO	CONTINENTE	COMPLETA	CORRECTA	DEAMBULA
1	DESORIENTADO	INCONTINENCIA OCASIONAL	LIGERAMENTE LIMITADA	OCASIONALMENTE INCOMPLETA	DEAMBULA CON AYUDA
2	LETARGICO	INCONTINENCIA URINARIA O FECAL	LIMITACION IMPORTANTE	INCOMPLETA	SIEMPRE NECESITA AYUDA
3	INSCONSCIENTE COMATOSO	INCONTINENCIA URINARIA Y FECAL	INMOVIL	NO INGESTA ORAL	INMOVIL
PUNTOS					

Puntuación NOVA 5 - Riesgo de úlceras por presión

[ ] 0 = Sin riesgo   [ ] 1 - 4 = Riesgo bajo   [ ] 5 - 8 = Riesgo medio   [ ] 9 - 15 = Riesgo alto

FECHA	VALORACION DEL RIESGO	LOCALIZACION	EVOLUCIÓN DE LA ULCERA				CAMBIO DE TTO	FIRMA
			MEJORA	ESTABLE	EMPEORA	CURADA		

PROTOCOLO DE CUIDADOS EN ÚLCERAS POR PRESIÓN

ÚLCERAS POR PRESION
Hoja de Tratamiento

ETIQUETA

LESION	PAUTA	FREC.	INICIO	SUSP.

20.- BIBLIOGRAFÍA DE REFERENCIA

1. Aguado H y otros. Protocol de prevenció i tractament de les úlceres per pressió CSUB. Modificacions del protocol vigent (edició 1994). Febrero 1999.
2. Campbell Claire. Tratado de Enfermería. Diagnósticos y métodos. Edición española. Times Mirror de España, S.A. Barcelona; 1994.
3. Fernández Narváez P. Vallés Fernández M.J. Úlceras por presión. Evaluación de un protocolo. Revista Rol de Enfermería, Mayo1997. nº 225: 73-78.
4. Guía Práctica para la elaboración de un Protocolo de Úlceras por Presión. Convatec. Grupo Bristol-Myers Squibb. Barcelona; 1998.
5. Grupo Nacional para el estudio y Asesoramiento en Úceras por Presión. Clasificación y estadiaje de las úlceras por presión. Gerokomos (Supl Helcos) 1997; VIII (22)(Supl Helcos nº 22: III).
6. Grupo Nacional para el estudio y Asesoramiento en Úceras por Presión. Directrices Genrales sobre el Tratamiento de las Úlceras por Presión. Julio 1997-Enero 1998.
7. Ibars Moncasi MP. Farré Llarden M. Asensio Agelet T. Prevención de las úlceras por presión. Dos alternativas: bloques de almohadas, colchones de aire alternantes. Gerokomos, mayo 1998 IX (24): 15-24.
8. Maklebust J. Sieggreen MY. Cómo vencer a las úlceras por presión. Rev Nursing, mayo 1997. 15(5): 10-16.
9. Masachs i Fatjo E. Educación sanitaria en las úlceras por presión. Gerokomos/ Helco. Febrero 1998, vol. IX nº 1: 7-10.
10. Oteo Revuelta JA: Soldevilla Agredo JJ: Infección y úlceras por presión. Gerokomos, febrero 1996. VII (6): 13-28.
11. Rodriguez Torrente M. Gabás Gallego G. Olivera Pueyo F.J. Protocolo de asistencia de úlceras por presión en Atención Primaria. FOMECO 1998, vol 6 nº2: 89-100.
12. Saez de Parayuelo V. López E. Ginés P y otros. Prevención de las úlceras por presión con un apósito hidrocoloide extrafino. Enfermería clínica, noviembrediciembre 1995. 5(6): 243-249.
13. Santonja Pastor T. Burgete Ramos MD: Cebrian Doménech J. Identificación de factores de riesgo para el desarrollo de úlceras por presión en pacientes ingresados en unidades críticas. Gerokomos, noviembre 1997. VIII (22): 14-22.
14. Torra i Bou J.E. Valorar el riesgo de presentar úlceras por presión. Rol de Enfermería, nº 224. Abril 1997. 23-30.
15. Torra i Bou J.E. Informe EPUAP. Gerokomos/Helcos, Vol IX nº 1. Febr 1998. 3-4.
16. Torra i Bou J.E. Epidemiología de las úlceras por presión. O el peligro de una nueva torre de Babel. Rol de Enfermería, nº 238. Junio 1998. 75-88.
17. Estudios de enfermería en todos los grados de las úlceras por presión. 1996 –Knoll s.a.

www.ingramcontent.com/pod-product-compliance
Lightning Source LLC
Chambersburg PA
CBHW021853170526
45157CB00006B/2428